浙江省工程建设企业标准

PPC/PPT 合成高分子卷材复合防水
工程技术规程

PPC/PPT polymer composite waterproofing membrane
technical specification for engineering

Q/HGK01-1-2014
备案编号:3300000182014

主编单位:宁波华高科防水技术有限公司
备案单位:浙江省住房和城乡建设厅
施行日期:2014 年 6 月 1 日

浙江工商大学出版社
ZHEJIANG GONGSHANG UNIVERSITY PRESS

图书在版编目(CIP)数据

PPC/PPT 合成高分子卷材复合防水工程技术规程 / 宁波华高科防水技术有限公司发布. —杭州：浙江工商大学出版社，2014.9

ISBN 978-7-5178-0636-3

Ⅰ. ①P… Ⅱ. ①宁… Ⅲ. ①高分子材料－合成材料－防水卷材－建筑防水－技术规范 Ⅳ. ①TU761.1-65

中国版本图书馆 CIP 数据核字(2014)第 213502 号

PPC/PPT 合成高分子卷材复合防水工程技术规程

宁波华高科防水技术有限公司　发布

责任编辑	何海峰	
封面设计	包建辉	
责任校对	何小玲	
责任印制	包建辉	
出版发行	浙江工商大学出版社	
	(杭州市教工路 198 号　邮政编码 310012)	
	(E-mail:zjgsupress@163.com)	
	(网址:http://www.zjgsupress.com)	
	电话:0571-88904980,88831806(传真)	
排　　版	杭州朝曦图文设计有限公司	
印　　刷	杭州恒力通印务有限公司	
开　　本	850mm×1168mm　1/32	
印　　张	1.125	
字　　数	28 千	
版 印 次	2014 年 9 月第 1 版　2014 年 9 月第 1 次印刷	
书　　号	ISBN 978-7-5178-0636-3	
定　　价	16.00 元	

宁波华高科防水技术有限公司文件

华高科发〔2014〕16号

关于发布工程建设企业标准《PPC/PPT合成高分子卷材复合防水工程技术规程》的通知

各有关部门:

根据本公司《2013年度工程建设企业标准编制计划》（华高科[2013]28号），本公司总工程师办公室会同有关部门共同制订的《PPC/PPT合成高分子卷材复合防水工程技术规程》已通过审查，现批准为工程建设企业标准，编号为Q/HGK01-1-2014，自2014年6月1日起施行。

本标准由宁波华高科防水技术有限公司总工程师办公室负责管理，并负责具体技术内容的解释。

宁波华高科防水技术有限公司

2014年3月28日

前　言

　　为保障防水工程质量,使防水工程施工规范化、科学化、程序化,更有利于新型技术的应用和推广,宁波华高科防水技术有限公司征求有关单位及专家意见,组织技术人员编制了《PPC/PPT合成高分子卷材复合防水工程技术规程》。

　　本规程共分6章,包括:总则、术语、材料、设计、施工、验收。

　　本规程由宁波华高科防水技术有限公司负责解释。本规程在实施过程中如发现需要修改和补充之处,请将意见和建议反馈给宁波华高科防水技术有限公司(地址:宁波市江东区沧海路2089号;邮政编码:315040;电话:0574-87392868;传真:0574-88083117),以供今后修订时参考。

　　主 编 单 位:宁波华高科防水技术有限公司

　　参 编 单 位:宁波建工股份有限公司

　　主要起草人:李水明　　裘晓东　　孟祥旗　　张东海
　　　　　　　　杨伟信　　胡晓东

　　主要审核人:许世文　　胡　俊　　邵凯平　　张文华
　　　　　　　　王建民　　孙文瑶　　郭　丽

目　次

1 总 则

1.0.1 为了规范 PPC/PPT 合成高分子卷材复合防水技术在防水工程中的应用,做到安全、适用、经济,保证防水工程质量,制定本规程。

1.0.2 本规程适用于建筑屋面、地下室、雨水污水池等非外露防水层工程的设计、施工与验收。本规程不适用于压型钢板屋面及饮用水工程的防水。

1.0.3 PPC/PPT 合成高分子防水卷材复合防水工程所用的防水卷材、防水胶粘材料的性能要求、设计、施工及质量检验,除应符合本规程外,尚应符合国家、行业、地方现行有关标准的规定。

2 术 语

2.0.1 PPC 合成高分子防水卷材（PPC 聚氯乙烯防水卷材）

聚氯乙烯树脂与助剂等化合热熔后挤出，同时在两面热敷涤纶纤维无纺布制成的卷材。

2.0.2 PPT 合成高分子防水卷材（PPT 耐根穿刺高分子防水卷材）

聚氯乙烯树脂、化学阻根剂与其他助剂等热熔后挤出，同时热敷涤纶纤维无纺布制成的内增强型耐根穿刺防水卷材。

2.0.3 聚合物水泥防水胶粘材料

由聚合物乳液或聚合物再分散性胶粉等聚合物材料和水泥为主要材料组成，用于粘结 PPC/PPT 防水卷材，并具有一定防水功能的材料。

2.0.4 PPC/PPT 合成高分子防水卷材复合防水

PPC 合成高分子防水卷材或 PPT 耐根穿刺高分子防水卷材采用聚合物水泥防水胶粘材料粘贴在水泥砂浆或混凝土基面上，共同形成普通复合防水层或耐根穿刺复合防水层。

3 材 料

3.1 PPC 合成高分子防水卷材的规格和性能

3.1.1 PPC 合成高分子防水卷材的长度、宽度应不小于规格值的 99.5%，厚度规格应符合表 3.1.1 的规定。

表 3.1.1 PPC 合成高分子防水卷材厚度

厚度(mm)	允许偏差(%)	最小单值(mm)	检验方法
1.20		1.05	目测或采用测厚仪测量卷材整体厚度
1.50	−5,+10	1.35	
2.00		1.85	

3.1.2 PPC 合成高分子防水卷材外观质量应符合表 3.1.2 的规定。

表 3.1.2 PPC 合成高分子防水卷材外观质量

项 目	质量要求
卷材表面	应平整、边缘整齐，无裂纹、孔洞、粘结、气泡、疤痕
标准卷卷材的接头	接头不允许超过一处，其中较短的一段长度不小于 1.5 m，接头应剪切整齐，并应加长 150 mm

3.1.3 PPC 合成高分子防水卷材的物理性能指标应符合 GB 12952—2011《聚氯乙烯(PVC)防水卷材》L 类标准的要求。主要性能见表 3.1.3 的规定。

表 3.1.3 PPC 合成高分子防水卷材物理性能指标

项 目	性能要求	检验依据
最大拉力(N/cm)	≥120	
断裂伸长率(%)	≥150	
热处理尺寸变化率(%)	≤1.0	GB 12952—2011《聚氯乙烯(PVC)防水卷材》L 类
低温弯折性	−25℃无裂纹	
抗冲击性能	0.5 kg·m 不渗水	
不透水性	0.3 MPa,2 h 不透水	

3.2 PPT 耐根穿刺高分子防水卷材的规格和性能

3.2.1 PPT 耐根穿刺高分子防水卷材的长度、宽度应不小于规格值的 99.5%,厚度规格应符合表 3.2.1 的规定。

表 3.2.1 PPT 耐根穿刺高分子防水卷材厚度

厚度(mm)	允许偏差(%)	最小单值(mm)	检验方法
1.50	−5,+10	1.35	目测或采用测厚仪测量卷材整体厚度
2.00		1.85	

3.2.2 PPT 耐根穿刺高分子防水卷材外观质量应符合表 3.2.2 的规定。

表 3.2.2 PPT 耐根穿刺高分子防水卷材外观质量

项 目	质量要求
卷材表面	应平整、边缘整齐,无裂纹、孔洞、粘结、气泡、疤痕
标准卷卷材的接头	接头不允许超过一处,其中较短的一段长度不小于 1.5 m,接头应剪切整齐,并应加长 150 mm

3.2.3 PPT 耐根穿刺高分子防水卷材的物理性能指标应符合 GB 12952—2011《聚氯乙烯(PVC)防水卷材》GL 类标准的要

求。主要性能见表3.2.3的规定。

表3.2.3 PPT耐根穿刺高分子防水卷材物理性能指标

项　　目	性能要求	检验依据
最大拉力（N/cm）	≥120	GB 12952—2011《聚氯乙烯（PVC）防水卷材》GL类
断裂伸长率（%）	≥100	
热处理尺寸变化率（%）	≤0.1	
低温弯折性	−25℃无裂纹	
抗冲击性能	0.5 kg·m 不渗水	
不透水性	0.3 MPa，2 h不透水	

3.2.4 PPT耐根穿刺高分子防水卷材的应用性能指标应符合JC/T 1075—2008《种植屋面用耐根穿刺防水卷材》的要求。主要性能见表3.2.4的规定。

表3.2.4 PPT耐根穿刺高分子防水卷材应用性能指标

项　　目		技术要求	检验依据
耐根穿刺性能		通过	JC/T 1075—2008《种植屋面用耐根穿刺防水卷材》
耐霉菌腐蚀性	防霉等级	0级或1级	
	拉力保持率（%）	≥80	
尺寸变化率（%）		≤1.0	

3.3　聚合物水泥防水胶粘材料

3.3.1 聚合物水泥防水胶粘材料的组成为双组份,具有一定的防水性能和粘结性能。其物理性能应符合 GB/T 23445—2009《聚合物水泥防水涂料》Ⅲ型标准及 GB 50345—2012《屋面工程技术规范》、GB 50108—2008《地下工程防水技术规范》的要求,不得使用水泥原浆。主要性能见表3.3.1的规定。

表 3.3.1 聚合物水泥防水胶粘材料性能指标

项　　目	性能要求	检验依据
固体含量(%)	≥70	GB/T 23445—2009《聚合物水泥防水涂料》Ⅲ型
拉伸强度(MPa)	≥1.8	
断裂伸长率(%)	≥30	
粘结强度(MPa)	≥1.0	
不透水性(0.3 MPa,30 min)	不透水	
抗渗性(砂浆背水面)(MPa)	≥0.8	

4 设 计

4.1 一般规定

4.1.1 PPC 合成高分子防水卷材复合防水层适用于屋面、地下及隧道等工程的防水设防。PPT 耐根穿刺高分子防水卷材适用于种植屋面、地下室种植顶板等需要抵抗植物根系穿刺的工程。

4.1.2 PPC/PPT 合成高分子防水卷材与聚合物水泥防水胶粘材料共同组成一道复合防水层。

4.1.3 PPC/PPT 合成高分子防水卷材复合防水工程的主体结构宜为现浇钢筋混凝土,防水层上应设置保护层。

4.1.4 PPC/PPT 合成高分子防水卷材用于各类工程防水层的厚度应符合表 4.1.4 的规定。

表 4.1.4 各类工程一道防水层的厚度

部位	防水等级	PPC 卷材厚度（mm）	PPT 卷材厚度（mm）	聚合物水泥粘结层固化厚度（mm）
屋面	Ⅰ 级	≥1.2	≥1.5	≥1.3
	Ⅱ 级	≥1.5	—	≥1.3
地下工程	一级	≥1.5	≥1.5	≥1.3
	二级	≥1.2	≥1.5	≥1.3
	三级	≥1.2	—	≥1.3

4.1.5 PPC/PPT 合成高分子防水卷材搭接宽度应符合表 4.1.5 的规定。

表 4.1.5 PPC/PPT 合成高分子防水卷材搭接宽度

使用部位	搭接宽度(mm)
屋面防水工程	≥80
地下防水工程	≥100

4.1.6 PPC/PPT 合成高分子防水卷材同其他材料一起使用时,材料应相容。

4.1.7 檐沟、天沟与屋面交接处以及落水口、伸出屋面管道根部、平面与立面交接处、桩头、沉降缝、后浇带等部位,应设置聚合物水泥防水涂料附加层,附加层的厚度应≥1.2 mm。做法详见《建筑防水构造(三)·PPC、PPT 合成高分子防水卷材和 SKT 系列防水涂料、防水砂浆》(浙江省建筑标准图集,图集号:2014浙 J61)的有关要求。

4.2 屋面防水工程

4.2.1 屋面防水层的排水坡度应符合设计要求和现行国家、行业标准 GB 50345—2012《屋面工程技术规范》、GB 50693—2011《坡屋面工程技术规范》、JGJ 155—2013《种植屋面工程技术规程》及其他有关标准的规定。

4.2.2 PPC/PPT 合成高分子防水卷材的设计厚度应按照表4.1.4 执行。

4.2.3 大面积卷材铺贴完成后,防水层的卷材表面宜涂刮一遍聚合物水泥防水胶粘材料。

4.2.4 用于屋面的 PPC/PPT 合成高分子防水卷材复合防水层应设保护层。防水层与刚性保护层之间宜铺设隔离层,可采用塑料膜、土工布或卷材等。防水层与柔性保护层之间无需设置隔离层。

4.2.5 屋面防水构造做法应按图 4.2.5 设计。

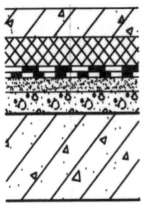

保护层：40厚C20细石混凝土
　　　　（内配Ø6@200双向钢筋网）
保温层：按单体设计
防水层：1.2厚PPC高分子卷材复合防水
防水层：1.5厚聚合物水泥（JS）防水
　　　　涂料Ⅰ型
找平层：20厚1：3水泥砂浆
找坡层：按单体设计
结构层：现浇钢筋混凝土层面板

（a）

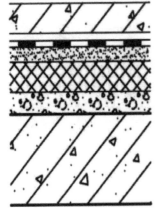

保护层：40厚C20细石混凝土
　　　　（内配Ø6@200双向钢筋网）
隔离层：10厚低强度等级砂浆
防水层：1.2厚PPC高分子卷材复合防水
找平层：20厚1：3水泥砂浆
保温层：按单体设计
找坡层：按单体设计
结构层：现浇钢筋混凝土层面板

（b）

图 4.2.5 屋面防水构造

4.2.6 种植屋面防水构造做法应按图 4.2.6 设计。

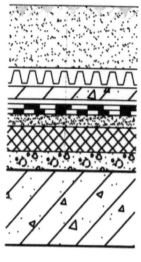

种植层：按单体设计
过滤层：按单体设计
排水层：按单体设计
保护层：40厚C20细石混凝土
　　　　（内配Ø6@200双向钢筋网）
隔离层：10厚低强度等级砂浆
防水层：1.2厚PPC高分子卷材复合防水
防水层：1.5厚聚合物水泥（JS）防水
　　　　涂料Ⅰ型
找平层：20厚1：3水泥砂浆
保温层：按单体设计
找坡层：按单体设计
结构层：现浇钢筋混凝土层面板

（a）

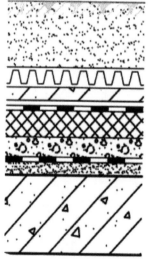

种植层：按单体设计
过滤层：按单体设计
排水层：按单体设计
保护层：40厚C20细石混凝土
　　　　（内配Ø6@200双向钢筋网）
隔离层：10厚低强度等级砂浆
防水层：1.5厚PPT耐根穿刺卷材复合防水
保温层：按单体设计
找坡层：按单体设计
防水层：1.2厚PPC高分子卷材复合防水
找平层：20厚1：3水泥砂浆
结构层：现浇钢筋混凝土层面板

（b）

图 4.2.6　种植屋面防水构造

4.2.7 瓦屋面防水构造做法应按图 4.2.7 设计。

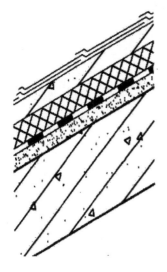

瓦材：按单体设计
保护层（持钉层）：40厚C20细石混凝土
　　　　　　（内配Ø6@200双向钢筋网）
保温层：按单体设计
防水层：1.2厚PPC高分子卷材复合防水
找平层：20厚1∶3水泥砂浆
结构层：现浇钢筋混凝土层面板

（a）

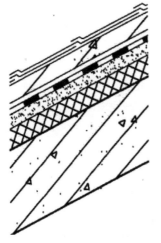

瓦材：按单体设计
保护层（持钉层）：40厚C20细石混凝土
　　　　　　（内配Ø6@200双向钢筋网）
隔离层：10厚低强度等级砂浆
防水单层：1.2厚PPC高分子卷材复合防水
找平层：20厚1∶3水泥砂浆
保温层：按单体设计
结构层：现浇钢筋混凝土层面板

（b）

图 4.2.7　瓦屋面防水构造

4.2.8 屋面工程防水构造节点做法详见《建筑防水构造(三)·PPC、PPT 合成高分子防水卷材和 SKT 系列防水涂料、防水砂浆》(浙江省建筑标准图集)。

4.3 地下防水工程

4.3.1 PPC/PPT 合成高分子防水卷材复合防水层应铺设在混凝土结构的迎水面;应从结构底板垫层铺设至顶板基面,并应在外围形成封闭的防水层。

4.3.2 立面与平面的交角应做成圆弧或 45°坡角;在阴阳角等特殊部位应做聚合物水泥防水涂料附加层,附加层宽度 300~500 mm。

4.3.3 聚合物水泥胶浆涂膜可作为柔性保护层,与防水层之间无需设置隔离层;柔性保护层施工完毕,可直接进入下一道工序。

4.3.3 地下室底板防水构造做法应按图 4.3.3 设计。

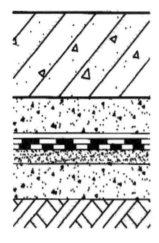

结构层：现浇自防水钢筋混凝土底板
保护层：50厚C20细石混凝土
隔离层：10厚低强度等级砂浆
防水层：1.5厚PPC高分子卷材复合防水
防水层：1.5厚聚合物水泥（JS）防水
　　　　涂料Ⅲ型
找平层：20厚1∶3水泥砂浆
垫层：按单体设计
基层：素土夯实

（a）

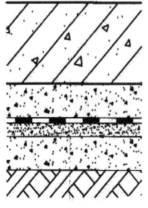

结构层：现浇自防水钢筋混凝土底板
保护层：50厚C20细石混凝土
防水层：1.5厚PPC高分子卷材复合防水
找平层：20厚1∶3水泥砂浆
垫层：按单体设计
基层：素土夯实

（b）

图 4.3.3　地下室底板防水构造

注：若保护层为聚合物水泥胶浆,可省略隔离层。

4.3.4 地下室侧墙防水构造做法应按图 4.3.4 设计。

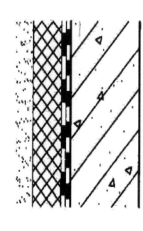

回填层：2∶8灰土分层夯实
保护层：50厚聚苯板
防水层：1.5厚PPC高分子卷材复合防水
防水层：1.5厚聚合物水泥（JS）防水
　　　　涂料Ⅲ型
结构层：现浇自防水钢筋混凝土侧墙

（a）

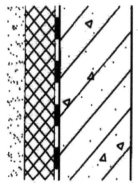

回填层：2∶8灰土分层夯实
保护层：50厚聚苯板
防水层：1.5厚PPC高分子卷材复合防水
结构层：现浇自防水钢筋混凝土侧墙

（b）

图 4.3.4 地下室侧墙防水构造

4.3.5 地下室顶板防水构造做法应按图 4.3.5 设计。

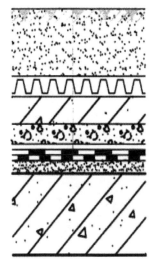

种植层：按单体设计
过滤层：按单体设计
排水层：按单体设计
保护层：50~70厚C20细石混凝土
　　　　（内配Ø6@200双向钢筋网）
找坡层：按单体设计
隔离层：10厚低强度等级砂浆
防水层：1.5厚PPT耐根穿刺卷材复合防水
防水层：1.5厚聚合物水泥（JS）防水
　　　　涂料Ⅲ型
找平层：20厚1：3水泥砂浆
结构层：现浇自防水钢筋混凝土顶板

（a）

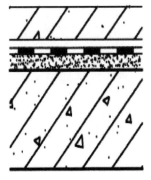

保护层：50~70厚C20细石混凝土
　　　　（内配Ø6@200双向钢筋网）
隔离层：10厚低强度等级砂浆
防水层：1.5厚PPT耐根穿刺卷材复合防水
找平层：20厚1：3水泥砂浆
结构层：现浇自防水钢筋混凝土顶板

（b）

图 4.3.5　地下室顶板防水构造

4.3.6 地下工程防水构造节点做法详见《建筑防水构造（三）·PPC、PPT 合成高分子防水卷材和 SKT 系列防水涂料、防水砂浆》(浙江省建筑标准图集)。

5 施 工

5.1 一般规定

5.1.1 防水层施工前,施工单位应通过图纸会审,领会设计意图,掌握节点处理方法和技术要求,编制防水工程施工方案,并向操作人员进行技术交底。

5.1.2 施工单位应具有相应资质,作业人员应持证上岗。

5.1.3 PPC/PPT 合成高分子防水卷材和聚合物水泥防水胶粘材料应具有产品合格证和性能检测报告,材料的品种、规格、性能等应符合设计和产品标准的要求。材料进场后,应按规定抽样检验,出具检验报告。

5.1.4 穿过防水层的管道、预埋件、水落口、设备基础及支座等,应在防水层施工前埋设和安装完毕。

5.1.5 屋面卷材防水层施工应待屋面上的设备间、构筑物及装饰完成,并拆除脚手架后方可进行。

5.1.6 应按施工人员和工程需要配备施工机具和劳动安全设施。施工机具应包括:

    1 清理(防水层)基层的施工机具:铁锹、扫帚、吸尘器、榔头、铜凿、扁平铲等。

    2 配置聚合物水泥防水胶粘材料的施工机具:电动搅拌器、计量器具、配料桶等。

    3 铺贴卷材的施工机具:铁抹、刮板、剪刀、卷尺、粉线等。

5.1.7 铺贴卷材防水层的基层应符合下列要求:

    1 基层坡度应符合设计要求,坡度应准确,排水系统应通畅。

2 找平层表面平整度不应大于 5 mm。用 2 m 直尺检查，面层与直尺间最大间隙不应超过 5 mm，间隙应平缓变化。

3 基层应坚实牢固，表面不得有酥松、起皮、起砂、空鼓现象。

4 屋面找平层设置应符合设计要求，缝边应平直，缝内做密封防水处理。

5 平面与立面连接处、立面转角处应做成半径为 50 mm 的圆弧，尺寸应统一；管道周围的找平层应抹出不小于 30 mm 的排水坡。

6 卷材铺贴前基层应清理干净，砂浆基层可湿润但无明水。

5.1.8 聚合物水泥防水胶粘材料配制应符合下列规定：

1 现场配制聚合物水泥防水胶粘材料的技术性能指标应符合本规程表 3.3.1 的规定。

2 聚合物水泥防水胶粘材料应按产品使用说明配比，计量应准确，搅拌应均匀，搅拌时应采用电动工具。

3 拌制好的聚合物水泥防水胶粘材料应在 40～50 min 内用完。

5.1.9 卷材铺贴应符合下列规定：

1 粘贴均应采用满粘法施工，其粘结面积不应小于 90%，且每处未粘结的面积不应大于 0.015 m²。

2 搭接缝粘结应严密，不得翘边。

3 搭接缝应采用聚合物水泥防水粘结材料进行压缝、封口。

5.1.10 卷材铺贴前应对节点部位进行密封处理和附加层加强处理。附加层施工应符合下列规定：

1 附加层应采用聚合物水泥防水涂料，宽度应符合设计要求。

2 涂料附加层的涂刷应均匀、到位，上下层应交叉施工，不得漏涂或堆积。

3 涂料附加层涂刷不应少于两遍,涂膜厚度不应小于 1.5 mm;涂料涂刷时应均匀一致,不得露底、堆积。待第一遍涂膜表干后再涂刷第二遍涂料,未干燥前不得铺贴卷材防水层。

4 出屋面的管道的管根部位、水落口、女儿墙泛水部位、过水孔、设备基础等关键部位的涂料附加层应重点监控。

5.1.11 保护层施工应符合下列规定:

1 防水层经检查合格后方可进行保护层施工。

2 聚合物水泥胶浆保护层施工可采用喷涂法、抹压法或滚刷法,宜采用两遍成活。

3 水泥砂浆、块材或细石混凝土刚性保护层与 PPC/PPT 合成高分子防水卷材之间铺设的隔离层应满铺平整。刚性保护层施工时不得直接在防水层上行车。

5.1.12 PPC/PPT 合成高分子防水卷材复合防水层施工时气候条件应符合下列要求:

1 室外防水工程,雨天、五级风或五级风以上不得施工;防水层完工、聚合物水泥防水胶粘材料固化前下雨时,应采取保护措施。

2 最佳施工环境温度为 5～40℃,超出温度范围应采取一定措施。

5.2 屋面防水工程施工

5.2.1 PPC/PPT 合成高分子防水卷材铺贴方向和顺序应符合下列规定:

1 卷材防水层施工时,应先进行细部构造处理,然后由屋面最低标高向上铺贴。

2 檐沟、天沟卷材施工时,宜顺檐沟、天沟方向铺贴,搭接缝应顺流水方向。

3 卷材宜平行于屋脊铺贴,上下层卷材不得相互垂直铺贴。

5.2.2 铺贴卷材前应在基层上弹出基准线或在预铺好的卷材边缘量取规定的搭接宽度并弹出标线,然后展开卷材,按铺贴用量量裁并试铺,合适后重新成卷待铺。

5.2.3 将配置好的聚合物水泥防水胶粘材料均匀地批刮或抹压在基层上,胶粘材料应批抹均匀,不得有露底或堆积现象,用量不应小于 2.5 kg/m²。

5.2.4 应边批抹聚合物水泥防水胶粘材料边铺贴卷材,卷材铺贴时不得拉紧,应保持自然状态。铺贴卷材时,应向两边及时抹压赶出卷材下的空气,并辊压粘贴牢固,接缝部位应挤出胶粘材料并批刮封口。

5.2.5 PPC/PPT 合成高分子防水卷材搭接缝应符合下列规定:

1 平行屋脊的搭接缝应顺水流方向,卷材长短边搭接宽度均不应小于 80 mm。

2 同一层相邻两幅卷材短边搭接缝错开不应小于 500 mm。

3 上下两层长边搭接缝应错开,且不应小于幅宽的 1/3。

4 叠层铺贴的各层卷材,在天沟与屋面的交接处,应采用叉接法搭接,搭接缝应错开,宜留在屋面与天沟的侧面,不宜留在沟底。

5.2.6 屋面防水层泛水上翻高出屋面不应小于 250 mm,并采用聚合物水泥防水胶粘材料封边。

5.2.7 卷材防水层验收合格后应及时做保护层,保护层宜用细石混凝土或块材。保护层施工应符合 GB 50345—2012《屋面工程技术规范》的有关规定;刚性保护层应留设分格缝,块材或细石混凝土平行分格缝间距不应大于 6 mm,水泥砂浆保护层应留设表面分格缝。

5.3 地下防水工程施工

5.3.1 PPC/PPT 合成高分子防水卷材铺贴方向应符合下列规定：

1 底板宜平行于长边方向铺贴。

2 立墙应垂直底板方向铺贴。

5.3.2 PPC/PPT 合成高分子防水卷材长、短边搭接宽度均不应小于 100 mm，接缝表面处应涂刮 1 mm 厚、50 mm 宽的聚合物水泥防水胶粘材料密封压缝。

5.3.3 垫层混凝土应随浇随找平，底板防水层宜在垫层混凝土硬化后，可上人行走时进行施工。侧墙应先将拆模后混凝土表面遗留的钢筋甩头割除、孔洞找平、基层清理后，方可进行防水层施工。

5.3.4 采用外防外贴法铺贴卷材防水层应符合下列规定：

1 铺贴卷材应先铺平面，后铺立面，交接处应交叉搭接。

2 临时性保护墙宜用石灰砂浆砌筑，内表面应做成平层。

3 从底面折向立面的卷材与永久性保护墙的接触部位，应采用空铺法施工；卷材与临时性保护墙或围护结构模板接触的部位，应临时贴附在该墙上或模板上，并应将顶端临时固定。

4 不设保护墙时，从底面折向立面卷材的接茬部位应采取可靠的保护措施。

5 铺贴立面卷材时，应先将接茬部位的各层卷材揭开，并将其表面清理干净，如卷材有局部损伤，应及时进行修补，接茬搭接长度为 100 mm；当使用两层卷材时，卷材应错茬接缝，上层卷材应盖过下层卷材。卷材防水层甩茬、接茬构造见图 5.3.1。

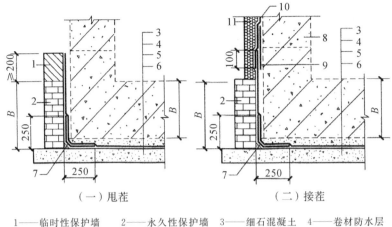

1——临时性保护墙　　2——永久性保护墙　　3——细石混凝土　　4——卷材防水层
5——水泥砂浆找平层　　6——混凝土垫层　　7——卷材附加层　　8——结构墙体
9——卷材加强层　　10——卷材防水层　　11——卷材保护层

图 5.3.1　防水层甩槎、接槎构造

5.3.5　采用外防内贴法铺贴卷材防水层应符合下列规定：

　　1　混凝土保护墙内表面应抹厚度为 20 mm 的 1：3 水泥砂浆找平层，然后再铺贴卷材。

　　2　待砂浆找平层凝固后，方可铺贴卷材。先铺立面再铺平面；铺立面时先铺转角，后铺大面。

5.3.6　防水层验收合格后应及时做保护层。保护层施工应符合 GB 50108—2008《地下工程防水技术规范》的有关规定。

5.4　成品保护

5.4　成品保护应遵守下列规定：

　　1　防水层完工后，聚合物水泥防水胶粘材料固化前，不得在其上行走或进行后道工序的作业。

　　2　防水层完工后，应避免在其上凿孔、打洞。

　　3　当下道工序或相邻工程施工时，对已完工的防水层应采取保护措施，以防损坏。

6 验 收

6.1 进场检验

6.1.1 PPC/PPT 合成高分子防水卷材和聚合物水泥防水胶粘材料应有产品合格证书和性能检测报告,其品种、规格、性能等应符合本规程规定和设计要求。

6.1.2 材料进场后,应按本规程的规定抽样复验,并提供检验报告;不合格的材料,不得在防水工程中使用。

6.1.3 进场的合成高分子防水卷材抽样复验应符合下列规定:

 1 同一规格的 PPC/PPT 合成高分子防水卷材的抽验数量为:大于 1000 卷抽取 5 卷;500～1000 卷抽取 4 卷;100～499 卷抽取 3 卷;100 卷以下抽取 2 卷。进行规格尺寸和外观质量检验。

 2 在外观质量检验合格的卷材中,任取一卷在距外层端部 500 mm 处截取 1.5 m 做物理性能检验,如有一项物理性能不符合标准规定,应在受检产品中加倍取样进行该项复验。如该项仍不合格,则判定该产品为不合格。

 3 物理性能检验应包括:最大拉力、断裂伸长率、低温弯折性、不透水性。

 4 地下工程要求抽检撕裂强度。

6.1.4 进场的聚合物水泥防水胶粘材料抽样复验应符合下列规定:

 1 同一厂家、同一品种的胶粘材料每 10 t 为一批,不足 10 t 按一批进行抽检;地下工程中要求每 5 t 为一批。

 2 检验项目应包括:固体含量、拉伸强度、断裂伸长率、粘结强度、不透水性。

6.2 屋面防水工程质量验收

6.2.1 屋面防水工程质量验收应符合 GB 50207—2012《屋面工程质量验收规范》的要求;防水工程完工后,应进行观感质量检查和雨后观察或淋水、蓄水试验,不得有漏水和积水现象。

6.2.2 屋面各分项工程宜按屋面面积每 500~1000 m² 划分为一个检验批,不足 500 m² 应视为一个检验批。细部构造工程各分项工程每个检验批应全数进行检验。抽检数量应符合下列规定:

    1 防水层每 100 m² 抽查一处,每处 10 m²,且不得少于 3 处。

    2 接缝密封防水应按每 50 m 抽查一处,每处 5 m,且不得少于 3 处。

Ⅰ   主控项目

6.2.3 PPC/PPT 合成高分子防水卷材必须符合设计要求。

    检验方法:检查出厂合格证、质量检验报告和现场抽样复验报告。

6.2.4 PPC/PPT 合成高分子防水卷材复合防水不得有渗漏或积水现象。

    检验方法:雨后观察或淋水、蓄水检验。

6.2.5 PPC/PPT 合成高分子防水卷材复合防水在天沟、檐沟、水落口、泛水、变形缝和伸出屋面管道的防水构造中,必须符合设计要求。

    检验方法:观察检查和检查隐蔽工程验收记录。

Ⅱ   一般项目

6.2.6 PPC/PPT 合成高分子防水卷材复合防水层的基层应牢固,基面应清洁、平整,不得有空鼓、松动、起砂和脱皮现象;基层与突出屋面结构的交接处和基层的转角处、找平层均应做成圆弧形,且整齐平顺。

检验方法:观察检查和检查隐蔽工程验收记录。

6.2.7 PPC/PPT合成高分子防水卷材的搭接缝应粘结牢固,密封严密,不得有皱折、翘边和鼓泡等缺陷;复合防水层的收头应与基层粘结并固定牢固,缝口严密,不得翘边。

检验方法:观察检查。

6.2.8 PPC/PPT合成高分子防水卷材复合防水层与砂浆、块材或细石混凝土保护层之间应设置隔离层。刚性保护层的分格缝留置应符合设计要求。

检验方法:观察检查。

6.2.9 PPC/PPT合成高分子防水卷材铺贴方向应正确,搭接缝宽度的允许偏差为-10 mm。粘结层的厚度应符合设计要求。

检验方法:观察检查和尺量检验。

6.3 地下防水工程质量验收

6.3.1 地下防水工程质量验收应符合GB 50208—2011《地下防水工程质量验收规范》的要求。

6.3.2 防水层分项工程检验批的抽样检验数量:按铺贴面积每100 m^2 抽查一处,每处10 m^2,且不得少于3处。

Ⅰ 主控项目

6.3.3 PPC/PPT合成高分子防水卷材必须符合设计要求。

检验方法:检查出厂合格证、质量检验报告和现场抽样复验报告。

6.3.4 PPC/PPT合成高分子防水卷材复合防水层的转角、变形缝、穿墙管道等细部做法必须符合设计要求。

检验方法:观察检查和检查隐蔽工程验收记录。

6.3.5 聚合物水泥防水胶粘材料的粘结强度、抗渗性能和粘结层厚度必须符合设计要求。

检验方法:观察检查和检查试验报告。

II 一般项目

6.3.6 PPC/PPT 合成高分子防水卷材复合防水层的基层应牢固,基面应清洁、平整,不得有空鼓、松动、起砂和脱皮现象;基层阴阳角处应符合设计要求。

检验方法:观察检查和检查隐蔽工程验收记录。

6.3.7 PPC/PPT 合成高分子防水卷材的搭接缝应粘结牢固,密封严密,不得有皱折、翘边和鼓泡等缺陷。

检验方法:观察检查。

6.3.8 侧墙卷材防水层的保护层与防水层应粘结牢固,结合紧密,厚度均匀一致,符合设计要求。

检验方法:观察检查。

6.3.9 PPC/PPT 合成高分子防水卷材搭接缝宽度的允许偏差为-10 mm。粘结层的厚度应符合设计要求。

检验方法:观察检查和尺量检查。

本规程用词说明

1　为便于在执行本规程条文时区别对待,对要求严格程度不同的用词说明如下:

1)表示很严格,非这样做不可的用词:

正面词采用"必须";反面词采用"严禁"。

2)表示严格,在正常情况下均应这样做的用词:

正面词采用"应";反面词采用"不应"或"不得"。

3)表示允许稍有选择,在条件许可时首先应这样做的用词:

正面词采用"宜";反面词采用"不宜"。

4)表示有选择,在一定条件下可以这样做的用词:

正面词采用"可";反面词采用"不可"。

2　条文中指定应按其他有关标准执行时,写法为"应按……执行"或"应符合……的要求(或规定)"。非必须按所指定的标准执行时,写法为"可参照……执行"。